全国技工院校公共课教材配套用书

化学（第六版）实验

贺红举　主编

中国劳动社会保障出版社

简　介

本书是全国技工院校公共课教材《化学（第六版）》的配套用书。全书紧扣教学要求，基本覆盖教材内容。实验过程与要求注重基础知识的巩固及基本能力的培养，知识点分布均匀，难易适当，有助于培养学生的实践能力和学习兴趣。

本书由贺红举主编，张伟松任副主编，王振峰、王艺锟参加编写。

图书在版编目（CIP）数据

化学（第六版）实验 / 贺红举主编. -- 北京：中国劳动社会保障出版社，2022

ISBN 978-7-5167-5368-2

Ⅰ. ①化… Ⅱ. ①贺… Ⅲ. ①化学实验-技工学校-教材 Ⅳ. ①O6-3

中国版本图书馆 CIP 数据核字（2022）第 084919 号

中国劳动社会保障出版社出版发行

（北京市惠新东街 1 号　邮政编码：100029）

*

北京市科星印刷有限责任公司印刷装订　　新华书店经销

850 毫米×1168 毫米　32 开本　2.125 印张　52 千字

2022 年 6 月第 1 版　　2022 年 9 月第 3 次印刷

定价：6.00 元

读者服务部电话：（010）64929211/84209101/64921644

营销中心电话：（010）64962347

出版社网址：http://www.class.com.cn

http://jg.class.com.cn

目　录

化学实验课的目的

实验是一种探究真理的方法，化学是一门实验科学。实验是化学课程不可缺少的一个重要环节。化学实验的目的是：

1. 使课堂中讲授的理论和概念得到验证、巩固和充实，并适当扩大学生的知识面。化学实验不仅能使理论知识形象化，而且能够说明这些理论的应用条件、范围和方法，比较全面地反映化学现象的复杂性和多样性。

2. 使学生掌握一定的实验操作技能。只有正确的操作，才能够得出准确的数据和结果，而后者又是正确结论的主要依据。因此，化学实验中基本操作的训练具有重要的意义。

3. 培养学生独立思考和工作的能力。学生需要学会联系课堂讲授的知识，仔细观察和分析实验现象，认真处理数据并加以概括，从而得出结论。

4. 培养学生的科学工作态度和习惯。科学工作态度是指实事求是，忠实于所观察到的客观现象。发现实验现象与理论知识不符合时，首先应该检查操作是否正确，所用理论知识是否恰当。当自己找不出原因时，应该及时请教老师，求得正确的解答。科学工作习惯是指安排合理、操作正确、观察细致等，这些都是做好实验的必要条件。

实验的程序及要求

完成一个实验，同我们完成其他任何一项工作一样，必须有一定的程序，达到一定的要求：

1. 预习。充分预习实验教材是做好实验的一个重要环节。预习应当清楚实验的目的、内容、有关原理、相关知识、操作方法和注意事项等，并初步估计每一步反应的预期结果。预习可以在任课教师或者实验教师指导下进行。

2. 提问和检查。实验开始前由任课教师或者实验教师进行集体或个别提问和检查，主要了解学生对于实验的目的、内容、有关原理、相关知识、操作方法和注意事项等是否清楚。一方面可以了解学生的预习情况，另一方面可以有针对性地指导学生完成好实验。

3. 实验过程。学生应遵守实验室规则，接受教师指导，按照实验教材上规定的方法、步骤和药品用量认真进行实验。在实验中要细心观察实验现象，及时如实记录于实验报告中。实验报告不得涂改，要保证原始性。在实验中应勤于思考，分析产生现象的原因，遇有疑问，可以相互讨论或请教指导教师。

4. 完成实验报告。实验完毕，应在规定时间内做好实验报告。实验报告要记录清晰、结论明确、文字简练、书写整洁，并且完成实验后的“问题与讨论”的内容。实验中发现的问题或实验心得，也可以写在实验报告中。

实验室规则

1. 实验前必须认真做好预习工作，凡未预习，对于实验内容、步骤等不明确者，一律不得进行实验。

2. 实验前清点仪器。如发现仪器有不符、缺少或破损，应立即报告指导教师。实验过程中，如果仪器损坏，也应及时报告指导教师。未经指导教师同意，不得使用其他位置上的仪器。

3. 实验时要保持实验室及实验台的清洁整齐。火柴杆、废纸、废金属屑等固体废弃物应投入纸篓，废弃的药品、废液要倒入指定的收集容器，严禁倒入水槽内，以防止腐蚀或堵塞下水道，造成环境污染。

4. 实验时要注意爱护物品，小心使用仪器和设备，注意节约水、电、药品。实验时必须按照规程正确进行操作，注意安全，若发现仪器有故障，必须停止使用，及时报告指导教师。

5. 药品应按规定量取用，取出的药品如果未用完，不得放回原瓶，以免带入杂质，可以用另外的容器收集，并贴上标签。取用药品后，应及时塞好瓶塞，避免瓶塞交叉混用，沾污药品，并随即将药品放回原处。

6. 实验后应将所用的玻璃仪器洗涤干净，放回原处。清洁台面，打扫水槽及地面，并洗净双手。必须检查电插头、开关和水龙头，确认全部关好才可以离开。

7. 实验室内的所有物品，包括仪器、药品、实验生成物等不得带离实验室。

实验室安全规则

化学药品中有很多是易燃、易爆、有腐蚀性和有毒的。在进行实验时，必须重视安全问题，绝不能麻痹大意。实验前应充分了解安全注意事项，实验中要集中注意力，遵守操作规程，避免事故的发生。

1. 加热试管时，不要将试管口对着自己或他人，不要俯视正在加热的液体，以免液体溅出，造成人身伤害。

2. 闻气体时，应离开一定距离，用手轻轻将气体扇向自己后再嗅。

3. 使用酒精灯，应随用随点，不用时用灯帽盖灭，严禁吹灭酒精灯。不能用已经点燃的酒精灯去点燃其他酒精灯，以免酒精倾洒而失火。

4. 浓酸、浓碱具有强腐蚀性，要防止溅到衣服和皮肤上，更要防止溅到眼睛里。稀释浓硫酸时，一定要将浓硫酸小心地加入水中，而不能将水加入浓硫酸中，以免水沸腾后硫酸飞溅，造成伤害。

5. 生成有刺激性或有毒的气体的实验，应在通风橱内（或其他通风处）进行。

6. 有毒药品（强氧化剂、重金属盐、砷化合物、氰化物等）不得进入口内或接触皮肤，也不能将有毒药品随便倒入下水道。

7. 使用易燃物质，必须远离明火。

8. 实验完毕，离开实验室前必须洗净双手。实验室里的任何药品，包括食盐、蔗糖等都不能食用。实验室内严禁吸烟、饮食。

实验室意外事故的处理

1. 若酒精、苯或乙醚等失火，应立即用湿布或沙子等扑灭。遇电气设备着火，应立即切断电源，再用干粉灭火器或四氯化碳灭火器灭火。

2. 遇有烫伤事故，如果皮肤没有破损，则应立即用冷水冲洗烫伤处（15～20 分钟），直至没有灼烧感。如果已经起泡或有皮肤破损，则应先用高锰酸钾溶液清洗灼烧处，再涂搽治疗烫伤的药剂。

3. 若皮肤上溅有强酸或强碱，则应先用干净的布或纸将酸或碱液擦去，然后用大量的清水冲洗，最后相应地用碳酸氢钠溶液或硼酸溶液涂洗。若有溶液溅入眼内，则立即用大量的清水冲洗，必要时送医院治疗。

4. 若吸入氯气、氯化氢、硫化氢等气体引起不适，应立即到室外呼吸新鲜空气，严重者应及时就医。

5. 若被玻璃割伤，应仔细检查伤口内有无玻璃碎片，若有，则应先挑出，再行包扎。

6. 若遇触电事故，应立即切断电源，必要时进行心脏肺复苏或人工呼吸。

7. 若受到较为严重的伤害，应立即送医院抢救。

常见的化学实验仪器示意图

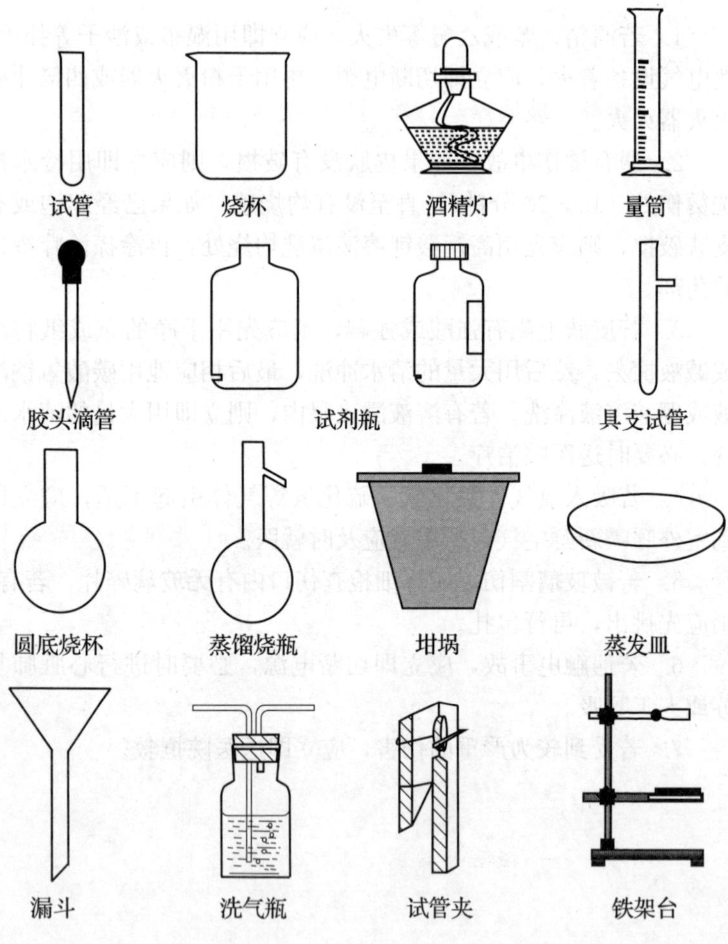

实验一　化学实验基本操作

实验目的

1. 初步掌握化学实验中部分仪器的使用方法。

2. 练习部分化学实验的基本操作。

实验用品

器材：试管，试管夹，酒精灯，火柴，量筒，胶头滴管，托盘天平，烧杯，玻璃棒，石棉网，铁架台（带铁圈），滤纸，漏斗，蒸发皿。

试剂：$CuSO_4$（0.1 mol/L，晶体），NaOH 溶液（2 mol/L），粗食盐。

实验内容

一、试管的操作

1. 试管的洗涤与干燥

取一支试管，用试管刷在自来水中将试管内外洗涤干净。当直立试管时，若试管内壁均匀附着一层水膜，不挂水珠，说明已洗涤干净。如不干净，可用少量洗涤剂再次清洗。

用少量蒸馏水将试管润洗，擦干试管外壁，点燃酒精灯。用试管夹夹住距管口三分之一处，管口略向下倾斜。先来回加热整支试管，再从后向前加热试管，使试管中的水全部挥发。

烧杯、试管等玻璃仪器快速干燥法：洗涤后，用少量丙酮润洗，丙酮倒回收集瓶后，再将玻璃仪器用电吹风吹干。

2. 加热试管中的固体

取一支干燥的试管，加入一药匙的硫酸铜晶体。固定在铁架台上，用酒精灯加热试管至晶体全部变为白色。

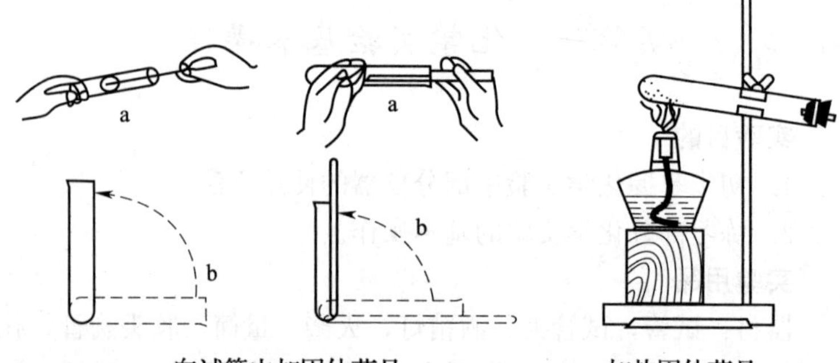

向试管内加固体药品　　　　加热固体药品

思考：加热试管内固体药品时，试管管口朝上还是朝下倾斜？为什么？____。

加热的顺序是________________________________。

加热完后，试管能否立即直立起来？为什么？________________________________。

3. 取用液体和加热

取三支试管，分别用量筒量取 1 mL、2 mL、3 mL 水加入试管中，观察试管中液体的高度。然后用胶头滴管向三支试管中估算着加入 1 mL、2 mL、3 mL 水，再用量筒验证。

取一支试管。加入 1 mL 0.1 mol/L 的 $CuSO_4$ 溶液，然后滴加 2 mol/L 的 NaOH 溶液，观察沉淀生成。用试管夹夹住试管，在酒精灯上加热并观察现象。

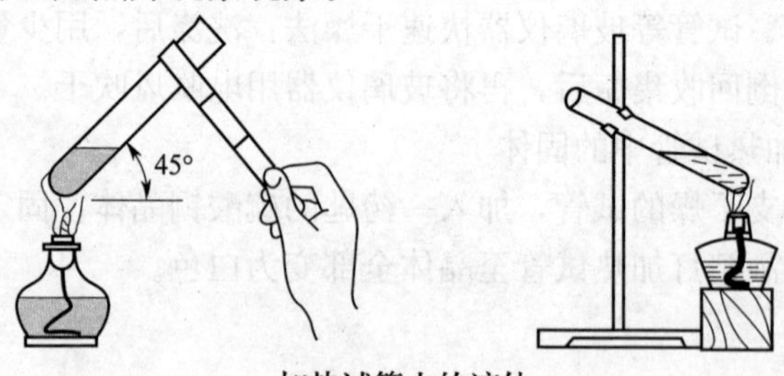

加热试管中的液体

思考：用胶头滴管向试管中滴入溶液时，要注意什么？________________________________。

试管夹应夹住试管的什么位置？________________。

加热试管中的液体要注意：①加热顺序________________；②试管口的朝向________________；③如何防止加热时液体冲出试管________________。

试管中的沉淀在加热前后发生什么变化？________________。

有关的化学反应方程式为：________________。

二、食盐的精制

1. 固体物品的称取

在托盘天平的两边各放上一张大小一样的干净称量纸，称出10 g食盐，并加入烧杯中。

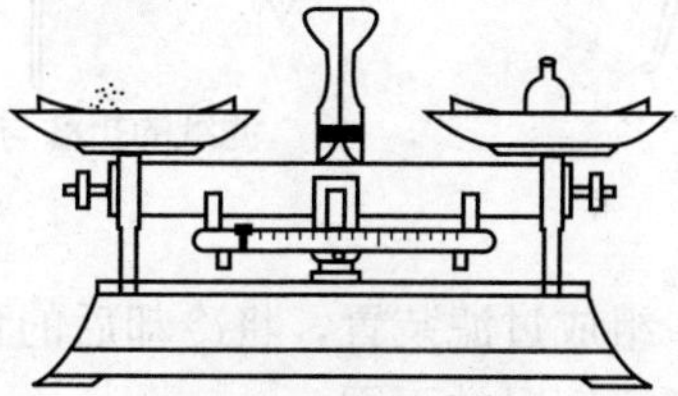

托盘天平称取固体

思考：托盘天平使用前应该平衡，如何调整？________________。

药品和砝码各放在哪一边？________________。

结束时指针不停摆动，能否用手阻止摆动？如何判断平衡？________________。

如果称量的是易吸湿或腐蚀性药品，应该怎样称量？________________________________。

2. 食盐的溶解

向烧杯加入称好的食盐和 40 mL 水，用玻璃棒搅拌观察食盐的溶解情况。将烧杯放在石棉网上加热，加快溶解的速度，待完全溶解后放置冷却。

思考：你知道哪些容器要通过石棉网加热？哪些可以直接在火焰上加热？____。

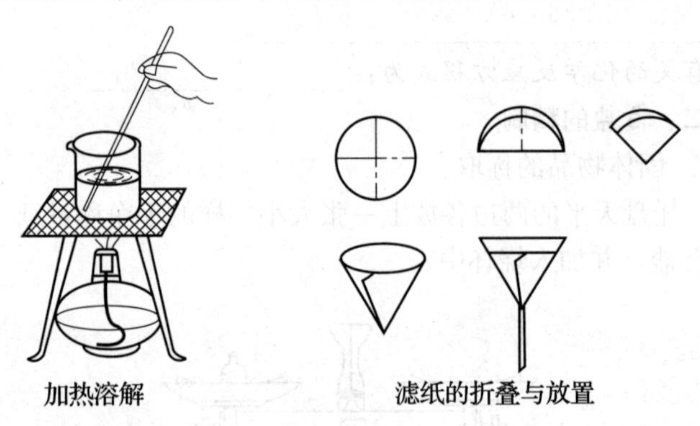
加热溶解　　滤纸的折叠与放置

3. 过滤

用滤纸和漏斗组成过滤装置，将冷却后的食盐水过滤。观察过滤前后食盐水澄清情况的不同。

思考：过滤时将用到玻璃棒、滤纸、漏斗、接受容器等仪器。其中，玻璃棒的作用是________________，“三低一靠”指的是____。

4. 蒸发结晶

将滤液加入蒸发皿中。选一个大小合适的铁圈，将蒸发皿放在铁圈上。加热蒸发，当有结晶析出时，注意搅拌，以防晶体溅出。当溶液快干时，停止加热，利用余热将水分蒸发干净。

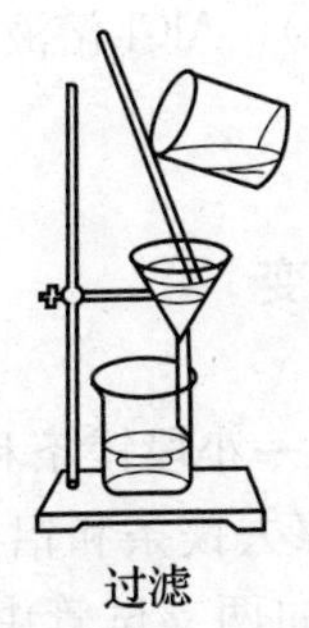
过滤

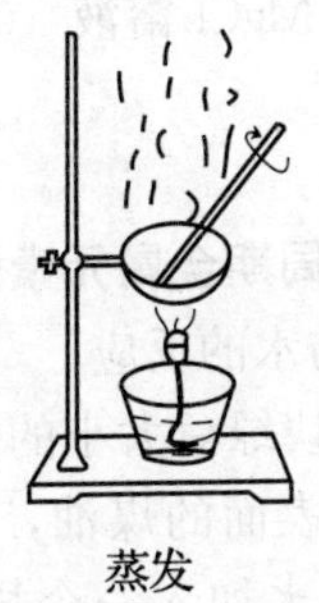
蒸发

将蒸发得到的晶体放在一张洁净的纸上，称出其质量。

思考：计算食盐的收率。____。

实验二　同周期、同主族元素性质的递变

［理论链接］根据元素周期律，同周期、同主族元素的性质呈现周期性的变化。元素的金属性主要表现在和氧气、水、酸的反应，金属的相互置换，以及形成的氢氧化物的碱性。元素的非金属性主要表现在和金属、氢气的反应，非金属的相互置换，以及形成的最高价含氧酸的酸性。本实验通过典型的反应验证元素性质的递变规律。

实验目的

巩固对同周期、同主族元素性质递变规律的认识。

实验用品

器材：试管，坩埚钳，试管架，烧杯（100 mL），胶头滴管，酒精灯，小刀，滤纸，玻璃片，镊子，砂纸，火柴。

试剂：钠，钾，镁条，铝片，氯水（新制），溴水，NaOH 溶液（2 mol/L），HCl 溶液（2 mol/L），氨水（6 mol/L），NaCl 溶液（0.1 mol/L），NaBr 溶液（0.1 mol/L），KI 溶液

(0.1 mol/L)，$MgCl_2$溶液（0.1 mol/L），$AlCl_3$溶液（0.1 mol/L），酚酞试液。

实验内容

一、第三周期金属元素性质的递变

1. 金属与水的反应

分别取一块绿豆大小的金属钠、一小段镁条和一小片铝片，用滤纸吸去钠表面的煤油，用砂纸擦去镁条和铝片表面的氧化层。将 50 mL 水加入一个烧杯内。向两支试管中各加入 5 mL 水。将钠投入烧杯中，镁条和铝片分别投入两支试管中，观察反应的发生。加热这两支试管，使其液体沸腾，再观察反应的发生。向反应后的溶液各加 2 滴酚酞试液，观察现象。

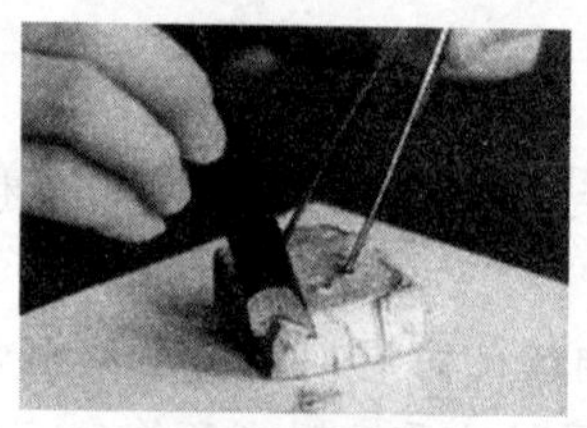
切割金属钠

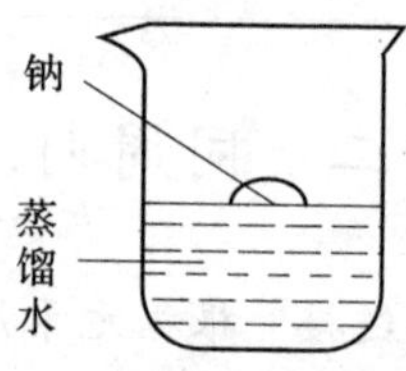

金属钠和水的反应

金属	冷水中反应现象	热水中反应现象	加酚酞后溶液颜色
钠		—	
镁			
铝			
结论			

2. 金属在空气中的燃烧

取一块金属钠，吸去表面的煤油，放在石棉网上加热，观察其燃烧情况。

取一段镁条，用砂纸擦去表面的氧化层，用坩埚钳夹住，在酒精灯上点燃后观察其燃烧情况。

取一片铝箔，在酒精灯上点燃后观察其燃烧情况。

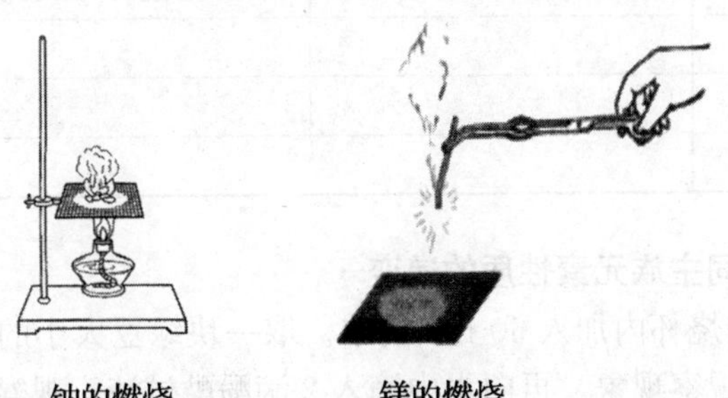

钠的燃烧　　镁的燃烧

金属	燃烧的快慢难易	持续燃烧情况	燃烧产物
钠			
镁			
铝			
结论			

3. 金属与酸的反应

分别取一小段镁条和一小片铝片，用砂纸擦去表面的氧化层。向两支试管中各加入 3 mL 2 mol/L 的 HCl 溶液，再分别投入镁条和铝片，观察现象。

金属	HCl 溶液中的反应现象
镁	
铝	
结论	

4. 氢氧化物与酸、碱的反应

取两支试管，各加入 2 mL 0.1 mol/L 的 $MgCl_2$ 和 $AlCl_3$ 溶液，滴加 6 mol/L 的氨水至有沉淀生成。将沉淀各分成两份，分别加入 HCl 溶液和 NaOH 溶液，观察反应的情况。

溶液	沉淀与 HCl 反应	沉淀与 NaOH 反应
$MgCl_2$		
$AlCl_3$		
结论		

二、同主族元素性质的递变

1. 在烧杯内加入 50 mL 的水。取一块绿豆大小的金属钾投入水中，观察现象。再向水中滴入 2 滴酚酞试液，观察现象，并与金属钠和水的反应进行比较。

钾与水反应的现象：________________。

解释：________________。

2. 在三支试管中分别加入 1 mL 0.1 mol/L 的 NaCl、NaBr 和 KI 溶液，再滴入新制氯水，观察现象。

溶液	加氯水后的现象	有关反应方程式
NaCl		
NaBr		
KI		
结论		

3. 在三支试管中分别加入 1 mL 0.1 mol/L 的 NaCl、NaBr 和 KI 溶液，再滴入溴水，观察现象。

溶液	加溴水后的现象	有关反应方程式
NaCl		
NaBr		
KI		
结论		

问题讨论

1. 比较 $Mg(OH)_2$ 和 $Al(OH)_3$ 的碱性，哪个强？$Al(OH)_3$ 能够溶于 NaOH 溶液，说明它具有什么性质？

2. 根据氯、溴、碘之间的置换反应，说明它们的性质具有什么变化规律？

实验三　一定物质的量浓度溶液的配制

[理论链接] 物质的量是重要的物理量，是把物质的宏观可测量的物理量与微观粒子数联系起来的桥梁。溶液作为物质的一

种存在体系，与化学反应及实际应用有很大关系。为了定量地研究溶液中各种物质及溶液之间的反应，需要准确地知道溶液中各种物质的物质的量浓度。因此，学习配制一定物质的量浓度的溶液，对于学习化学及培养定量的操作方法有重要作用。

实验目的

1. 加深对物质的量浓度的概念的理解。

2. 学会固体药品的称量、溶解以及液体药品的量取、稀释的方法。

3. 初步掌握容量瓶的使用方法。

实验用品

器材：烧杯（100 mL），容量瓶（100 mL），量筒(50 mL)，托盘天平，胶头滴管，药匙，玻璃棒，称量纸（滤纸或白纸）。

试剂：固体 Na_2CO_3，蒸馏水。

实验内容

一、配制 500 mL 0.1 mol/L 的 Na_2CO_3 溶液

1. 计算所需的溶质的质量

____

____。

2. 称取固体 Na_2CO_3 的质量

在托盘天平上称________ g 的固体 Na_2CO_3。称量时两盘各放一张大小一样的纸，左盘放药品，右盘放砝码。

3. 配制溶液

在烧杯中加入约 100 mL 的蒸馏水，将称好的固体 Na_2CO_3 倒入烧杯中，用玻璃棒搅拌使其完全溶解。

小心地将烧杯中的溶液沿玻璃棒注入容量瓶中，用少量（约 20 mL）蒸馏水洗涤烧杯和玻璃棒 2～3 次，并将洗涤液全部注入容量瓶中，轻轻晃动容量瓶，使溶液混合均匀。

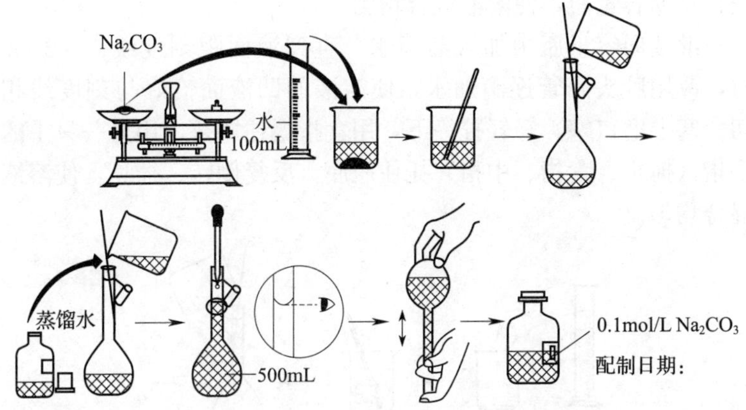

500 mL 0.1 mol/L的Na_2CO_3溶液的配制

继续向容量瓶中加入蒸馏水，直到液面距刻度线 1～2 cm 时，改用胶头滴管逐滴加水，使溶液的凹液面恰好与刻度线相切。塞上磨口塞，轻轻拧一下，用食指摁住瓶塞，用另一只手的手指（拇指、食指、中指）托住瓶底，反复倒转、摇晃，使溶液混合均匀。

4. 将配制好的溶液倒入试剂瓶中，贴好标签

二、用 2.0 mol/L 的 NaCl 溶液配制 100 mL 0.5 mol/L 的 NaCl 溶液

1. 计算需要浓度为 2.0 mol/L 的 NaCl 溶液的体积

____。

2. 量取 2.0 mol/L 的 NaCl 溶液

在烧杯中加入约 30 mL 的蒸馏水，用量筒量取________ mL 2.0 mol/L 的 NaCl 溶液并倒入烧杯中，用玻璃棒搅拌使其混合均匀。

3. 配制溶液

将烧杯中的溶液沿玻璃棒小心注入容量瓶中，用少量蒸馏水洗涤烧杯和玻璃棒 2～3 次，并将洗涤液也全部注入容量瓶中，

轻轻晃动容量瓶，使溶液混合均匀。

继续向容量瓶中加入蒸馏水，直到液面距刻度线 1～2 cm 时，改用胶头滴管逐滴加水，使溶液的凹液面恰好与刻度线相切。塞上磨口塞，轻轻拧一下，用食指摁住瓶塞，用另一只手的手指（拇指、食指、中指）托住瓶底，反复倒转、摇晃，使溶液混合均匀。

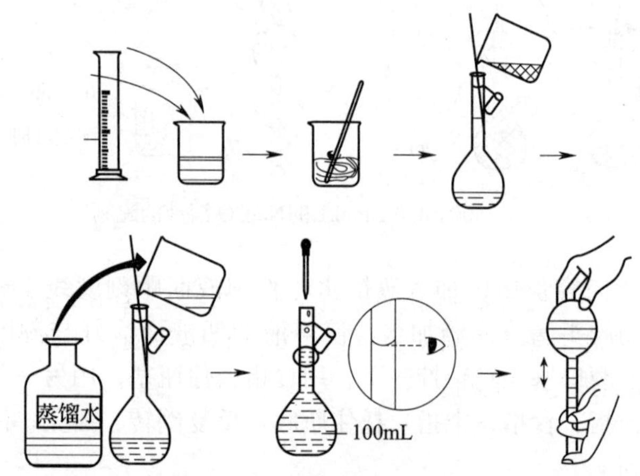

用2 mol/L的NaCl溶液配制0.5 mol/L的NaCl溶液

4. 将配制好的溶液倒入指定的接受容器中

问题讨论

1. 固体 NaOH 容易吸收空气中的水蒸气而潮解，并且对于纸张、托盘等具有腐蚀性，称量应如何进行？

2. 能否直接在容量瓶中溶解固体或稀释溶液？

实验四　化学反应速率和化学平衡

［理论链接］化学反应速率快慢首先取决于反应物本身的性质，其次受外界条件——浓度、温度、压强、催化剂等影响。

当改变反应物浓度时，反应速率发生变化，反应所需时间也随之改变。如反应：

$$Na_2S_2O_3 + H_2SO_4 \xlongequal{} Na_2SO_4 + SO_2\uparrow + S\downarrow + H_2O$$

析出的单质硫会使溶液变浑浊，因此，根据溶液变浑浊所需时间可判断反应速率的快慢。

温度对反应速率有显著影响。

催化剂的存在可以加快化学反应速率。H_2O_2在一般情况下分解的速率较慢，但在催化剂 MnO_2的作用下，反应速率加快，放出大量的 O_2气体。反应方程式为：

$$2H_2O_2 \xlongequal{MnO_2} 2H_2O + O_2\uparrow$$

化学平衡是可逆反应中正逆反应速率相等时的状态，当外界条件如浓度、温度等改变时，化学平衡发生移动。在溶液中 K_2CrO_4（黄色）与 $K_2Cr_2O_7$（橙色）之间存在化学平衡，改变溶液中酸或碱的浓度，可以使化学平衡发生移动。反应方程式为：

$$2K_2CrO_4 + H_2SO_4 \rightleftharpoons K_2Cr_2O_7 + K_2SO_4 + H_2O$$

放热反应 $2NO_2$（红棕色）$\rightleftharpoons N_2O_4$（无色）的放热量为 57.2 kJ/mol，当温度发生变化时，引起平衡移动，使气体的颜色发生变化。可以根据勒沙特列原理判断平衡移动的方向。

实验目的

1. 验证浓度、温度、催化剂对化学反应速率的影响。

2. 验证浓度、温度对化学平衡的影响。

实验用品

器材：秒表，温度计（100 ℃），烧杯（100 mL 5 个，400 mL 1 个），量筒（10 mL、25 mL、50 mL 各一个），玻璃棒，NO_2平衡球。

试剂：$Na_2S_2O_3$溶液（0.1 mol/L），H_2SO_4溶液（2 mol/L），H_2O_2溶液（3%），K_2CrO_4溶液（0.1 mol/L），MnO_2（粉末），NaOH 溶液（2 mol/L）。

实验内容

一、浓度对化学反应速率的影响

在室温下，用 10 mL 量筒（量筒要专用，切勿混淆）量取 10 mL 2 mol/L 的 H_2SO_4 溶液，倒入 100 mL 的烧杯中，用 50 mL的量筒量取 35 mL 蒸馏水倒入同一烧杯中。用 25 mL 的量筒量取 5 mL 0.1 mol/L 的 $Na_2S_2O_3$溶液，准备好秒表和玻璃棒，将量筒中的 $Na_2S_2O_3$溶液迅速倒入前面的烧杯中，立即按动秒表计时，并用玻璃棒搅动溶液，当溶液变浑浊时停止计时。记下溶液变浑浊所需时间，填入下表。

用同样的方法按下表中的用量进行实验。

实验序号	$V(H_2SO_4)$/mL	$V(H_2O)$/mL	$V(Na_2S_2O_3)$/mL	溶液浑浊时间/s
1	10	35	5	
2	10	30	10	
3	10	25	15	
4	10	20	20	
5	10	15	25	
结 论				

二、温度对化学反应速率的影响

在 100 mL 的烧杯中加入 10 mL 2 mol/L 的 H_2SO_4溶液和 30 mL的蒸馏水，用量筒量取 10 mL 0.1 mol/L 的 $Na_2S_2O_3$溶液，倒入一支试管中。将试管和小烧杯同时放入一个 400 mL 的盛有适量水的烧杯中，加热至温度比室温高出 10 ℃时取出并立即混合，同时计时并搅拌溶液，记录溶液变浑浊所需时间。

按同样方法测出比室温高出 20 ℃和 30 ℃时，溶液变浑浊所需时间，填入下表。

实验序号	V（H_2SO_4）/mL	V（H_2O）/mL	V（$Na_2S_2O_3$）/mL	温度/℃	溶液浑浊时间/s
1	10	30	10		
2	10	30	10		
3	10	30	10		
结　论					

三、催化剂对化学反应速率的影响

在试管中加入 3 mL 3%的 H_2O_2溶液，观察有无气泡产生，加入少量的 MnO_2粉末，观察是否有气泡产生。如有气泡产生，将带有余烬的木条伸入试管，检验产生的气体是否为氧气。说明 MnO_2在反应中的作用。

现象：________________________________。

解释：________________________________。

四、浓度对化学平衡的影响

在试管中加入 3 mL 0.1 mol/L 的 K_2CrO_4溶液，然后滴加 2 mol/L 的 H_2SO_4溶液，溶液由黄色变为橙色后，再向其中滴加 2 mol/L 的 NaOH 溶液，观察溶液又由橙色变为黄色。重复操作，可以得到相同的结果。根据实验结果，解释溶液颜色的变化。

解释：增大反应物浓度，平衡向________________，因此________________。增大生成物浓度，平衡向______________，因此________________。

五、温度对化学平衡的影响

将NO_2平衡球的两球分别浸入盛有冷水和热水的烧杯中，观察两只球中气体颜色的变化。说明温度对于化学平衡的影响。

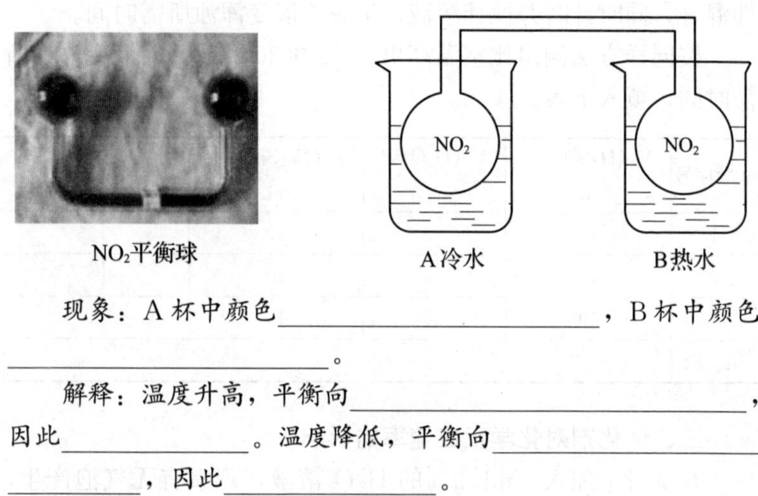

NO_2平衡球

现象：A杯中颜色________________________，B杯中颜色________________________。

解释：温度升高，平衡向________________________，因此________________。温度降低，平衡向____________________，因此________________。

问题讨论

1. 影响化学反应速率的因素有哪些？

2. 化学平衡在什么条件下发生移动？如何判断平衡移动的方向？

3. 在其他条件不变的情况下，如果将 NO_2 气体体积压缩，颜色将如何变化？

实验五　电解质溶液和盐类的水解

［理论链接］根据在水中的电离程度的大小，电解质可以分为强电解质和弱电解质。相同浓度的电解质溶液中，强电解质的离子浓度大，弱电解质的离子浓度小。弱酸或弱碱形成的盐在水溶液中发生水解，而使溶液显酸性或碱性。盐的水解会受到外界因素（浓度、温度）的影响。

实验目的

1. 学会 pH 试纸的使用方法。
2. 了解强、弱电解质的概念及弱电解质的电离平衡知识。
3. 了解盐类水解的知识及影响水解的因素。

实验用品

器材：试管，试管夹，胶头滴管，玻璃棒，酒精灯，火柴。

试剂：HCl 溶液（0.1 mol/L、1 mol/L），CH_3COOH 溶液（0.1 mol/L、1 mol/L），氨水（0.1 mol/L），NaOH 溶液（0.1 mol/L），NH_4Cl（0.1 mol/L、固体），CH_3COONa（0.1 mol/L、固体），NaCl 溶液（0.1 mol/L），CH_3COONH_4 溶液（0.1 mol/L），Na_2CO_3溶液（饱和），$Al_2(SO_4)_3$溶液（饱和），H_2SO_4 溶液（2 mol/L），锌粒（纯），锌粒（粗），$CaCO_3$（粉末），甲基橙试液，酚酞试液，pH 试纸。

实验内容

一、强电解质和弱电解质

1. 酸、碱溶液 pH 的测定

用干净的玻璃棒分别蘸取少量 0.1 mol/L 的下列溶液，点在 pH 试纸上，观察试纸颜色的变化，并与标准比色板相比较，确定各溶液的 pH。

	HCl	CH_3COOH	NaOH	氨水
pH				
pH 由小到大的顺序				

2. 比较 HCl 和 CH_3COOH 的酸性

（1）在两支试管中，各加入 1 mL 0.1 mol/L 的 HCl 溶液和 0.1 mol/L的 CH_3COOH 溶液，再在每支试管中加入 1 mL 水，并滴入 1 滴甲基橙试液，比较两支试管中溶液的颜色。

溶液的颜色：______________________________。

解释：__________________________________。

（2）在两支试管中，各加入 2 mL 1 mol/L 的 HCl 溶液和 1 mol/L的 CH_3COOH 溶液，再在每支试管中各加入少量的$CaCO_3$

粉末，比较两支试管中反应速率的快慢。写出有关化学方程式。

物质	反应速率的快慢	化学方程式
HCl		
CH_3COOH		
结论		

3. 弱电解质的电离平衡

（1）在试管中加入 1 mL 0.1 mol/L 的 CH_3COOH 溶液，并加入 1 滴甲基橙试液，观察溶液的颜色。再加入少量的固体 CH_3COONa，观察溶液颜色的变化。

（2）在试管中加入 1 mL 0.1 mol/L 的氨水，加入 1 滴酚酞试液，观察溶液的颜色。再加入少量的固体 NH_4Cl，观察溶液颜色的变化。

物质	加入甲基橙试液后的颜色	加入固体后的颜色	电离程度
CH_3COOH			
氨水			
结论			

二、盐类的水解

1. 盐溶液 pH 的测定

用干净的玻璃棒分别蘸取少量 0.1 mol/L 的下列溶液，点在 pH 试纸上，观察试纸颜色的变化，并与标准比色板相比较，确定各溶液的 pH。

	NaCl	NH_4Cl	CH_3COONa	CH_3COONH_4
pH				
盐类水解规律				

2. 影响水解的因素

（1）在试管中加入 2 mL 0.1 mol/L 的 CH_3COONa 溶液和 1 滴酚酞试液，观察溶液的颜色。再将试管加热，观察溶液的颜色有何变化。

现象：________________________________。

解释：________________________________。

（2）在两支试管中分别加入 3 mL 1 mol/L 的 HCl 溶液和 3 mL 蒸馏水，再各加入黄豆大小的 $FeCl_3$ 固体，充分振荡，观察溶解情况。最后在加有蒸馏水的试管中滴入浓盐酸，充分振荡，观察溶解情况。

现象：________________________________。

解释：________________________________。

（3）在一支大试管中，将 5 mL 的饱和 Na_2CO_3 溶液和 5 mL 的饱和 $Al_2(SO_4)_3$ 溶液混合，观察反应的有关现象。

现象：________________________________。

解释：________________________________。

三、金属的电化学腐蚀

1. 在两支试管中分别加入 2 mL 2 mol/L 的硫酸溶液，再分别投入一粒纯净的锌和一粒含有杂质的锌，观察反应中哪支试管产生的气体较多？

现象：________________________________。

解释：________________________________。

2. 在上述加有纯净的锌的试管中，滴入几滴 $CuSO_4$ 溶液，观察反应中产生气体的速度有什么变化？

现象：________________________________。

解释：________________________________。

问题讨论

1. 使用 pH 试纸时，能否将 pH 试纸直接插入溶液中，取出后测出 pH？能否用胶头滴管直接将溶液点碰在试纸上测出溶液的 pH?

2. 解释下列现象：

(1) Na_2CO_3称为纯碱，它的溶液显碱性。

(2) 实验室配制 $FeCl_3$和 $SnCl_2$溶液时，不能直接溶于水中，而必须先溶解在盐酸中。

实验六　常见的非金属及其化合物的性质

实验目的

1. 了解卤素单质间的置换反应及次氯酸盐的氧化性。
2. 了解 H_2O_2 的氧化性和还原性及浓硫酸的特性。
3. 了解 NH_3 的制备、性质及铵盐、硝酸的性质。
4. 了解碳酸盐、酸式碳酸盐的性质及硅酸水凝胶的生成。

实验用品

器材：试管，胶头滴管，烧杯（100 mL），量筒，玻璃棒，酒精灯，火柴，镊子，橡胶塞，铁架台（带铁夹），试管夹，研钵，玻璃棒，乳胶管。

试剂：KI 溶液（0.1 mol/L），NaBr 溶液（0.1 mol/L），HCl 溶液（2 mol/L、6 mol/L、浓），H_2SO_4 溶液（2 mol/L、浓），NaOH 溶液（2 mol/L），H_2O_2 溶液（3%），$KMnO_4$ 溶液（0.01 mol/L），HNO_3 溶液（2 mol/L、浓），Na_2SiO_3 溶液（20%），CCl_4（液），氯水（新制），溴水，淀粉溶液，品红试液，澄清石灰水，有色布条，淀粉碘化钾试纸，蓝、红色石蕊试纸，蔗糖，$Ca(OH)_2$（固），NH_4Cl（固），$(NH_4)_2SO_4$（固），NH_4NO_3（固），$(NH_4)_2CO_3$（固），KNO_3（固），Na_2CO_3（固），$NaHCO_3$（固），$MgCO_3$（固），铜片，木炭，$CuCl_2$（固），$CoCl_2$（固），$NiSO_4$（固），$ZnSO_4$（固），$MnSO_4$（固）。

实验内容

一、卤素及其化合物

1. 卤素单质间的置换反应

（1）在试管中加入 0.5 mL 0.1 mol/L 的 NaBr 溶液和 0.5 mL CCl_4，然后滴加氯水，边加边振荡，观察 CCl_4 层的颜色。

现象：____。

解释：____。

(2) 在试管中加入 0.5 mL 0.1 mol/L 的 KI 溶液和 0.5 mL CCl_4，然后滴加氯水，边加边振荡，观察 CCl_4 层的颜色。

现象：____。

解释：____。

(3) 在试管中加入 0.5 mL 0.1 mol/L 的 KI 溶液和 2 滴淀粉溶液，然后滴加溴水，边加边振荡，观察溶液的颜色变化。

现象：____。

解释：____。

2. 次氯酸及次氯酸盐的氧化性

(1) 在烧杯中放入有色布条，加入少量水浸湿，然后滴加氯水并搅拌，观察布条颜色的变化。

现象：____。

解释：____。

(2) 在试管中加入 1 mL 氯水，然后滴加 2 mol/L 的 NaOH 溶液使溶液显碱性（用 pH 试纸检验）。将溶液分成两份：一份滴加 2 mol/L 的 HCl 溶液，用淀粉碘化钾试纸检验生成的气体；另一份加入几滴品红试液，观察品红试液颜色的变化。

现象：____。

解释：____。

二、氧、硫的重要化合物

1. 双氧水的氧化性和还原性

(1) 在试管中加入 0.5 mL 0.1 mol/L 的 KI 溶液、0.5 mL 2 mol/L 的 H_2SO_4 溶液和 2～3 滴淀粉溶液，然后再滴加 3% 的 H_2O_2 溶液，振荡，观察溶液颜色的变化。

现象：____。

解释：____。

(2) 在试管中加入 0.5 mL 0.01 mol/L 的 $KMnO_4$ 溶液和 0.5 mL 2 mol/L 的 H_2SO_4 溶液，然后再滴加 3% 的 H_2O_2 溶液，振荡，观察溶液颜色的变化。

现象：____。

解释：____。

2. 浓硫酸的特性

（1）在试管中放入一小块铜片，加入 1 mL 浓硫酸，加热，观察现象。用湿润的蓝色石蕊试纸在试管口检验放出的气体。将试管放冷后，加入 3 mL 水将溶液稀释，观察溶液的颜色。

现象：____。

解释：____。

（2）在 100 mL 的烧杯中放入约 15 g 蔗糖，滴入少量水使之湿润，然后加入 10 mL 浓硫酸，搅拌至产生气泡，并将玻璃棒直立于烧杯中，观察现象。

浓硫酸的脱水性

现象：____。

解释：____。

（3）在 100 mL 的烧杯中加入约 30 mL 水，将约 10 mL 浓硫酸沿烧杯内壁缓缓加入，注意不停搅拌。用手轻轻触碰烧杯外壁，感受溶液温度的变化。

浓硫酸的稀释

现象：____。

解释：____。

（4）取一张白纸，用玻璃棒蘸少许上述配好的硫酸溶液，在纸上写字。观察纸上字体颜色的变化，再将纸片在酒精灯上小心烘干，观察字体颜色的变化。

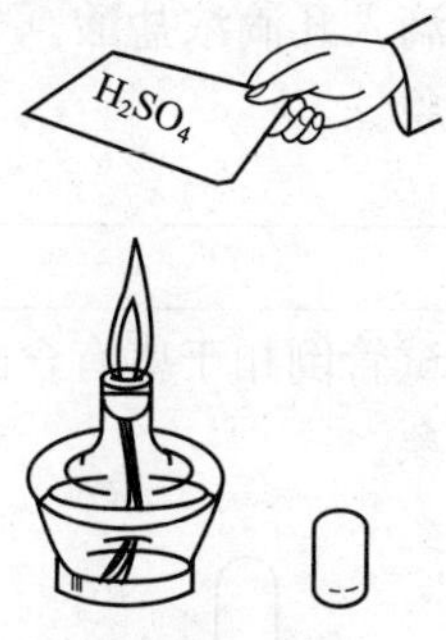

浓硫酸的强氧化性

现象：____。

解释：____。

三、氮的化合物

1．氨的制备及性质

（1）称取 3 g $Ca(OH)_2$ 和 3 g NH_4Cl 固体，研磨并混合均匀，装于干燥的硬质大试管中。另准备一支干燥的试管，按装置图连接。加热大试管，并用向下排空气法收集一试管的 NH_3，塞好塞子备用。

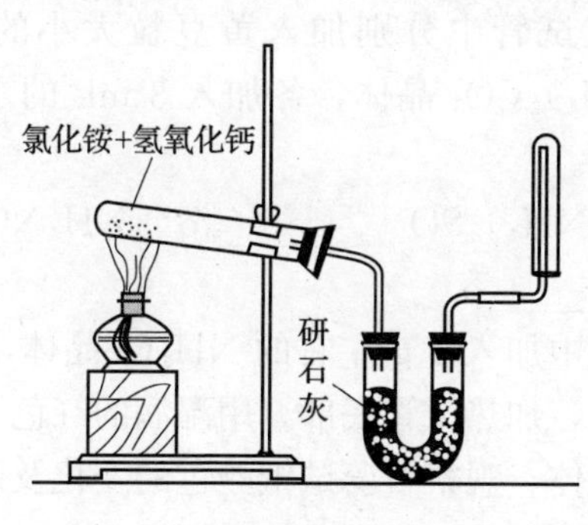

实验装置

(2) 用湿润的红色石蕊试纸检验生成的气体。

现象：____。

解释：____。

(3) 在一只烧杯中滴入几滴浓盐酸，分布均匀后，倒扣在氨气的导气管上，观察现象。

现象：____。

解释：____。

(4) 将盛有氨气的试管倒扣于盛有含酚酞的水的烧杯中，在水下打开塞子，观察现象。

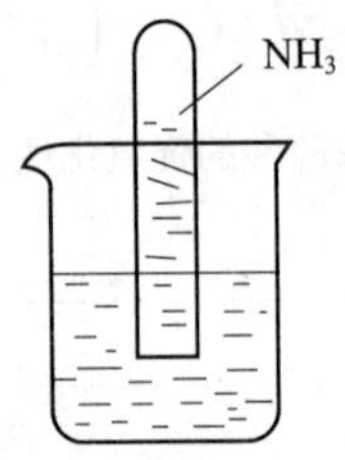

氨气与含酚酞的水的反应

现象：____。

解释：____。

2. 铵盐的性质

(1) 在三支试管中分别加入黄豆粒大小的 $(NH_4)_2SO_4$、NH_4NO_3、$(NH_4)_2CO_3$ 晶体，各加入 3 mL 的水，振荡，观察它们的溶解情况。

溶解性：$(NH_4)_2SO_4$__________溶、NH_4NO_3__________溶、$(NH_4)_2CO_3$__________溶。

(2) 在试管中加入 1 g 左右的 NH_4Cl 晶体，用试管夹夹住试管，管口向上，加热试管底部。用湿润的红色石蕊试纸在试管口检验产生的气体。观察石蕊试纸颜色的变化及试管上部白色物质的生成。

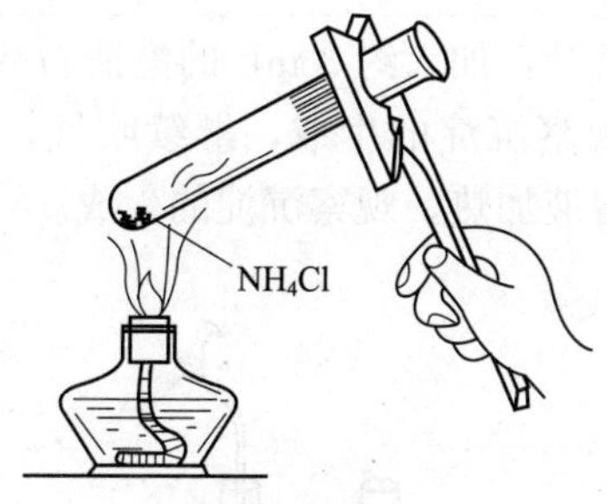

氯化铵受热分解

现象：____。

解释：____。

3. 硝酸及其盐的性质

（1）在两支试管中各加入一小片铜，再分别加入 1 mL 的浓硝酸和 3 mL 2 mol/L 的硝酸溶液，观察两支试管中气体的产生。

（2）在试管中加入约 1 g KNO_3 晶体，用试管夹夹住试管，在酒精灯上加热至晶体熔化，将试管移离酒精灯，并向其中投入一小块木炭，观察现象。

四、碳、硅的含氧酸盐

1. 碳酸盐和碳酸氢盐

（1）取三支试管，分别加入一药匙无水碳酸钠、碳酸氢钠和碳酸镁，管口向下倾斜固定在铁架台上，加热试管中的固体，在试管口用湿润的蓝色石蕊试纸检验产生的气体。

现象：____。

解释：____

____。

（2）取两支试管分别加入小半药匙碳酸钠和碳酸氢钠固体，分别滴加 2 mol/L 的盐酸溶液，观察两支试管中气体的产生。

现象：____。

解释：____

____。

（3）取一支试管，加入约 3 mL 的澄清石灰水，用塑料吸管向溶液中吹气，观察沉淀的生成，继续吹气，则沉淀又发生溶解。将澄清后的溶液加热，观察沉淀的生成。

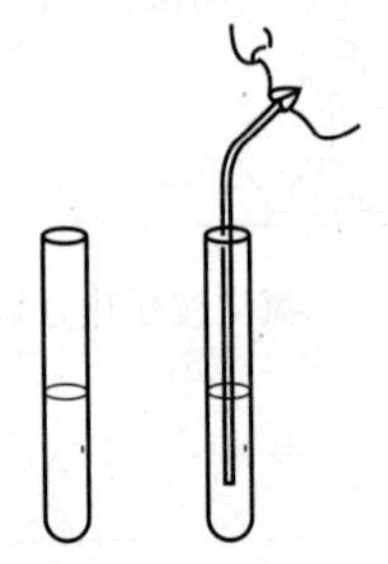

向澄清的石灰水中吹气

现象：____。

解释：____

____。

2. 硅酸水凝胶的生成

在试管中加入 1 mL 的质量分数为 20% 的 Na_2SiO_3 溶液，逐滴加入 6 mol/L 的 HCl 溶液，边加边振荡使溶液混合均匀。当出现乳白色沉淀时停止滴入，稍停观察凝胶的出现。

现象：____。

解释：____

____。

3. “水中花园”——难溶的硅酸盐

在大烧杯的底部铺一层细砂，沿烧杯内壁缓缓加入质量分数为 20% 的 Na_2SiO_3 溶液，用镊子小心夹取 $CuCl_2$、$CoCl_2$、$NiSO_4$、$ZnSO_4$、$MnSO_4$ 等固体颗粒，放入不同位置，注意观察难溶硅酸盐沉淀的生成。

水中花园

[理论链接] 各种金属盐类与硅酸钠作用，在盐的晶体的表面上产生各种颜色的金属硅酸盐薄膜，这些金属的硅酸盐薄膜是难溶于水的，而且具有半渗透性。在薄膜里是溶解度大的金属盐类，薄膜外面是硅酸钠溶液。因此在薄膜里很容易形成盐的浓溶液。由于存在渗透现象，薄膜外面的水不断地透过薄膜进入薄膜里面，使得薄膜膨胀，在达到一定的压力后，薄膜破裂，金属盐溶液从薄膜逸出，与薄膜外面的硅酸钠溶液作用，又生成了另外一层难溶的硅酸盐薄膜。这一过程不断地重复，就像植物不断地生长起来一样。

问题讨论

1. 现有 NaCl、NaBr、KI 的三种无色溶液，如何将它们区分开来？可以想到几种方法？

2. 现有 Na_2SO_4 和 Na_2CO_3 两种固体，如何将它们区分开来？

3. 收集氨气时能否采用排水集气法？为什么？

4. 碳酸盐与酸式碳酸盐相比，热稳定性哪个强？

实验七　常见的金属及其化合物的性质

实验目的

1. 了解钠、镁、铝的活泼性及过氧化钠的性质。

2. 了解镁、钙的氢氧化物、碳酸盐的溶解性及铝及其氢氧化物的两性。

3. 了解 $K_2Cr_2O_7$、$KMnO_4$ 的氧化性，及介质对 $KMnO_4$ 氧化性的影响。

4. 了解 Fe^{2+} 的还原性、Fe^{3+} 的氧化性及氢氧化物的生成，Fe^{3+} 的检验。

5. 了解 Cu^{2+}、Ag^{+}、Zn^{2+}、Hg^{2+} 与氢氧化钠、氨水的反应。

实验用品

器材：镊子，小刀，滤纸，坩埚，酒精灯，火柴，砂纸，坩埚钳，试管。

试剂：$MgCl_2$ 溶液（0.5 mol/L），$CaCl_2$ 溶液（0.5 mol/L），NaOH 溶液（2 mol/L 新制、20%），Na_2CO_3 溶液（0.5 mol/L），HCl 溶液（2 mol/L、6 mol/L），Al_2溶液$(SO_4)_3$（0.5 mol/L），氨水（2 mol/L、6 mol/L），$FeCl_3$ 溶液（0.1 mol/L），KSCN 溶液（0.1 mol/L），$K_2Cr_2O_7$溶液（0.1 mol/L），H_2SO_4 溶液（2 mol/L），$KMnO_4$溶液（0.01 mol/L），$CuSO_4$溶液（0.1 mol/L），$ZnSO_4$溶液（0.1 mol/L），$AgNO_3$ 溶液（0.1 mol/L），KI 溶液（0.1 mol/L），NaCl 溶液（0.1 mol/L），$Hg(NO_3)_2$溶液（0.1 mol/L），CCl_4（液），酚酞试液，金属钠，镁条，铝箔（片），氯水（新制），$(NH_4)_2Fe(SO_4)_2 \cdot 6H_2O$ 晶体，亚硫酸钠晶体，木条。

实验内容

一、钠、镁、钙、铝及其化合物的性质

1. 钠、镁、铝与氧气的反应

(1) 用镊子夹取一块金属钠，用滤纸吸干其表面的煤油，用小刀切下一小块，观察新切开断面的颜色，并继续观察断面颜色的变化。

切除钠表面氧化层，放在坩埚内加热，钠燃烧后停止加热，观察火焰的颜色及产物的颜色、状态。产物留到下面实验使用。

现象：____。

解释：____。

（2）取一小段镁条，用砂纸擦去表面的氧化层，观察表面的颜色及是否发生变化。用坩埚钳夹住镁条，点燃，观察镁条的燃烧情况。产物留到下面实验使用。

现象：____。

解释：____。

（3）取一小片铝片，用砂纸擦去表面的氧化层，在酒精灯上加热，观察现象。

现象：____。

解释：____。

2. 过氧化钠、氧化镁的性质

（1）将上面钠的燃烧产物加入干燥的试管中，将试管浸在水中，向试管内加入少量水。用带有余烬的木条检验生成的气体，向反应后的溶液中滴入酚酞试液，检验溶液的酸碱性。

现象：____。

解释：____。

（2）将镁的燃烧产物分成两份，收集于两支试管中，分别加入少量的水和 2 mol/L 的盐酸，观察产物的溶解情况。向加入水的试管中滴入酚酞试液，观察溶液的酸碱性。

现象：____。

解释：____。

3. 镁、钙的氢氧化物及难溶盐的生成及性质

（1）在两支试管中分别加入 1 mL 0.5 mol/L 的 $MgCl_2$ 溶液、1 mL 0.5 mol/L 的 $CaCl_2$ 溶液，然后各加入 1 mL 新配制的

2 mol/L 的 NaOH 溶液，观察产物的颜色和状态。根据产生的沉淀物的多少，比较两种氢氧化物的溶解度。

现象：____。

解释：____

____。

（2）在两支试管中分别加入 1 mL 0.5 mol/L 的 $MgCl_2$ 溶液、1 mL 0.5 mol/L 的 $CaCl_2$ 溶液，然后各加入 1 mL 0.5 mol/L 的 Na_2CO_3 溶液，观察产物的颜色和状态。再向两支试管中加入 2 mol/L 的 HCl 溶液，观察沉淀的溶解情况。

现象：____。

解释：____

____。

4. 铝及其氢氧化物的两性

（1）在两支试管中各放入一小片铝片，然后分别加入约 3 mL 2 mol/L 的 HCl 和 20％的 NaOH 溶液，观察反应的现象。

现象：____。

解释：____

____。

（2）在两支试管中，分别加入 0.5 mL 0.5 mol/L 的 $Al_2(SO_4)_3$ 溶液，逐滴加入 6 mol/L 的氨水至有白色沉淀生成。在一支试管中加入 2 mol/L 的 HCl 溶液，在另一支试管中加入 20％的 NaOH 溶液，观察沉淀的溶解情况。

现象：____。

解释：____

____。

二、铁、铬、锰的重要化合物

1. Fe^{2+} 的还原性和 Fe^{3+} 的氧化性

（1）在试管中加入绿豆大小的 $(NH_4)_2Fe(SO_4)_2 \cdot 6H_2O$ 晶体，加入 2 mL 水使其溶解，观察溶液的颜色。向溶液中滴加新制的氯水，观察溶液颜色的变化。

现象：________________________________。

解释：________________________________。

（2）在试管中加入 1 mL 0.1 mol/L 的 $FeCl_3$ 溶液，向溶液中滴加 0.1 mol/L 的 KI 溶液至出现红棕色，加入 0.5 mL 的 CCl_4，振荡，观察 CCl_4 层的颜色。

现象：________________________________。

解释：________________________________。

2. $Fe(OH)_2$ 和 $Fe(OH)_3$ 的生成

（1）在试管中加入绿豆大小的 $(NH_4)_2Fe(SO_4)_2 \cdot 6H_2O$ 晶体，加入 2 mL 水使其溶解。滴加 2 mol/L 的 NaOH 溶液，观察沉淀的生成及沉淀颜色的变化。说明 $Fe(OH)_2$ 的稳定性。

现象：________________________________。

解释：________________________________。

（2）在试管中加入 1 mL 0.1 mol/L 的 $FeCl_3$ 溶液，向溶液中滴加 2 mol/L 的 NaOH 溶液，观察沉淀的生成。

现象：________________________________。

解释：________________________________。

3. Fe^{3+} 的检验

在试管中加入 1 mL 0.1 mol/L 的 $FeCl_3$ 溶液，向溶液中滴加 0.1 mol/L 的 KSCN 溶液，观察溶液颜色的变化。

现象：________________________________。

解释：________________________________。

4. $K_2Cr_2O_7$ 和 $KMnO_4$ 的氧化性

（1）在试管中加入 1 mL 0.1 mol/L 的 $K_2Cr_2O_7$ 溶液和 1 mL 2 mol/L 的 H_2SO_4 溶液，然后加入绿豆大小的亚硫酸钠晶体，观察溶液颜色的变化。

现象：________________________________。

解释：________________________________。

(2) 在三支试管中分别加入 1 mL 0.01 mol/L 的 $KMnO_4$ 溶液，再分别加入 1 mL 2 mol/L 的 H_2SO_4 溶液，质量分数为 20%的 NaOH 溶液和水。然后加入绿豆大小的亚硫酸钠晶体，观察反应的现象，说明在不同的酸碱介质条件下，$KMnO_4$ 的还原产物的不同。

现象：____

____。

解释：____

____

____

____。

三、铜、锌、银、汞的重要化合物

1. Cu^{2+}、Ag^{+}、Zn^{2+}、Hg^{2+} 与 NaOH 的反应

(1) 在三支试管中，各加入 1 mL 0.1 mol/L 的 $CuSO_4$ 溶液，再滴加 2 mol/L 的 NaOH 溶液至有蓝色沉淀生成。将三支试管分别做如下实验：

第一支试管中，滴加 2 mol/L 的 H_2SO_4 溶液，观察反应的现象。

第二支试管中，加入过量的 20%的 NaOH 溶液，观察反应的现象。

将第三支试管加热，观察反应的现象。

现象：____

____。

解释：____

____

____

____。

(2) 在两支试管中，各加入 1 mL 0.1 mol/L 的 $ZnSO_4$ 溶液，再滴加 2 mol/L 的 NaOH 溶液至有白色沉淀生成（不可过量）。

然后在一支试管中加入 2 mol/L 的 HCl 溶液，观察反应的现象。在另一支试管中，加入 2 mol/L 的 NaOH 溶液，观察反应的现象。

现象：________________________________。

解释：________________________________

________________________________。

（3）在试管中加入 0.5 mL 0.1 mol/L 的 $AgNO_3$溶液，滴加 2 mol/L 的新制 NaOH 溶液，观察产物的颜色和状态。

现象：________________________________。

解释：________________________________。

（4）在试管中加入 0.5 mL 0.1 mol/L 的 $Hg(NO_3)_2$溶液，滴加 2 mol/L 的新制 NaOH 溶液，观察产物的颜色和状态。

现象：________________________________。

解释：________________________________。

2. Cu^{2+}、Zn^{2+}、Ag^{+}、Hg^{2+}与氨水的反应

（1）在试管中加入 1 mL 0.1 mol/L 的 $CuSO_4$溶液，再滴加 2 mol/L的氨水至有蓝色沉淀生成。继续滴加氨水，观察反应现象。

现象：________________________________。

解释：________________________________

________________________________。

（2）在试管中加入 1 mL 0.1 mol/L 的 $ZnSO_4$溶液，再滴加 2 mol/L 的氨水至有白色沉淀生成。继续滴加氨水，观察反应现象。

现象：________________________________。

解释：________________________________

________________________________。

（3）在试管中加入 0.5 mL 0.1 mol/L 的 $AgNO_3$溶液，滴加 0.1 mol/L 的 NaCl 溶液至有白色沉淀生成。再滴加 6 mol/L 氨水，观察反应现象。

现象：____。

解释：____。

(4) 在试管中加入 0.5 mL 0.1 mol/L 的 $Hg(NO_3)_2$溶液，滴加 2 mol/L 的氨水，观察产物的颜色和状态。再加入过量的氨水，观察沉淀是否溶解。

现象：____。

解释：____。

问题讨论

1. 金属钠为什么必须保存在煤油中？若钠不慎失火，应如何扑灭？

2. 制取钙、镁的氢氧化物时，为什么必须使用新制的 NaOH 溶液？

3. $K_2Cr_2O_7$的饱和溶液和浓硫酸的混合液在实验室中常用作洗液。当洗液呈现何种颜色时，说明已经失效了？

4. $Cu(OH)_2$的两性与$Zn(OH)_2$的两性有何不同？

实验八　甲烷、乙烯的制法及性质

［理论链接］实验室制取甲烷可以采用无水乙酸钠和碱石灰的混合物加热的方法。甲烷性质比较稳定，但能够发生燃烧反应，取代反应等。乙烯可以用乙醇在浓硫酸的催化作用下，在

170 ℃以上脱水制得。乙烯具有不饱和烃的性质，能够发生加成、氧化、取代等反应。

实验目的

1. 了解甲烷、乙烯的性质和制法。

2. 初步学会饱和烃与不饱和烃的鉴别。

实验用品

器材：试管，酒精灯，火柴，铁架台（带铁夹、铁圈），烧杯，圆底烧瓶，带孔橡胶塞，温度计（250 ℃），碎瓷片、药匙。

试剂：$KMnO_4$酸性溶液（0.01 mol/L），H_2SO_4 溶液（2 mol/L、浓），溴水，乙醇（95%），澄清石灰水，无水乙酸钠，碱石灰。

实验内容

一、甲烷的制法及性质

1. 将一药匙无水乙酸钠和三药匙碱石灰在纸上混合均匀，迅速加入大试管中，按装置图装配好并检查气密性。加热大试管，用排水集气法收集一试管甲烷。

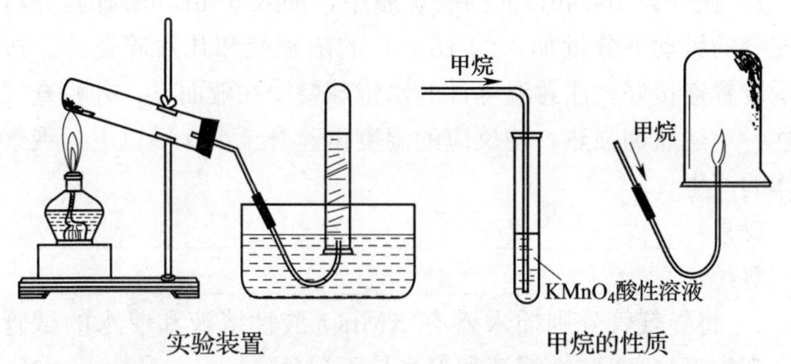

实验装置　　甲烷的性质

2. 观察试管中收集的甲烷的颜色，闻它的气味。

现象：________________________________。

3. 将导气管插入到盛有 $KMnO_4$ 酸性溶液的试管中，观察 $KMnO_4$溶液是否褪色。

现象：________________________________。

解释：＿＿＿＿＿＿＿＿＿＿＿＿＿＿＿＿＿＿＿＿＿＿＿＿＿＿＿＿。

4. 在导气管口将甲烷点燃，观察火焰的颜色。用一只干燥的烧杯罩在火焰上方，观察烧杯内壁的变化。将烧杯倒转过来，迅速加入少量澄清石灰水，振荡，观察石灰水的变化。

现象：＿＿＿＿＿＿＿＿＿＿＿＿＿＿＿＿＿＿＿＿＿＿＿＿＿＿＿＿。

解释：＿＿＿＿＿＿＿＿＿＿＿＿＿＿＿＿＿＿＿＿＿＿＿＿＿＿＿＿。

二、乙烯的制法及性质

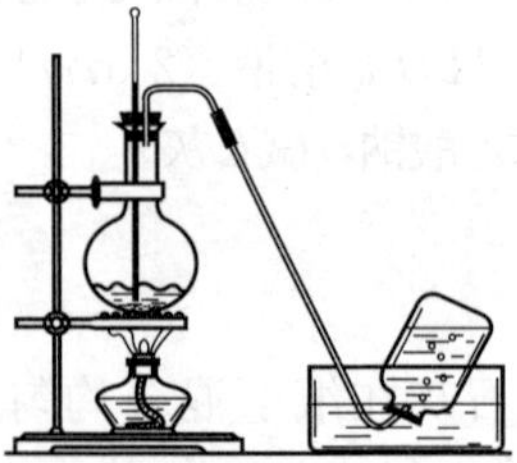

实验装置 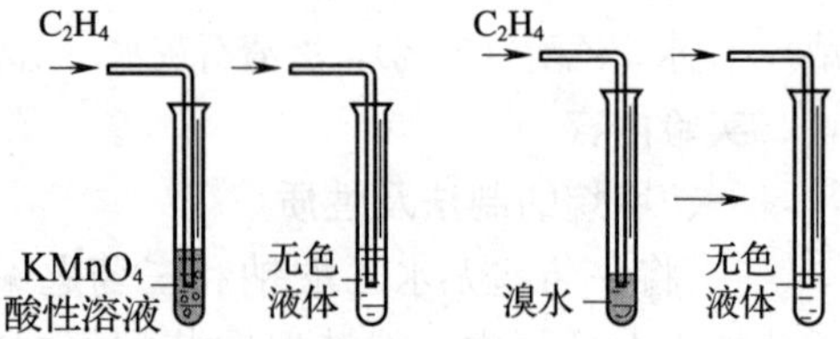　　　　乙烯的性质

1. 在一只 100 mL 的圆底烧瓶中，加入 6 mL 95%的乙醇，在充分的晃动下分批加入约 18 mL 的浓硫酸和几片碎瓷片。按图示装置连接好，注意温度计的水银球要浸在液面下，并检查气密性。对烧瓶加强热，使反应的温度迅速升至 170 ℃以上，观察气体的产生。

现象：＿＿＿＿＿＿＿＿＿＿＿＿＿＿＿＿＿＿＿＿＿＿＿＿＿＿＿＿。

解释：＿＿＿＿＿＿＿＿＿＿＿＿＿＿＿＿＿＿＿＿＿＿＿＿＿＿＿＿。

2. 将导气管分别插入盛有 $KMnO_4$ 酸性溶液和溴水的试管中，观察 $KMnO_4$ 酸性溶液和溴水是否褪色。

现象：＿＿＿＿＿＿＿＿＿＿＿＿＿＿＿＿＿＿＿＿＿＿＿＿＿＿＿＿。

解释：＿＿＿＿＿＿＿＿＿＿＿＿＿＿＿＿＿＿＿＿＿＿＿＿＿＿＿＿＿

＿＿＿＿＿＿＿＿＿＿＿＿＿＿＿＿＿＿＿＿＿＿＿＿＿＿＿＿＿＿＿＿。

3. 在导气管口点燃气体，观察火焰的颜色。

现象：＿＿＿＿＿＿＿＿＿＿＿＿＿＿＿＿＿＿＿＿＿＿＿＿＿＿＿＿。

解释：____。

问题讨论

1. 根据甲烷的燃烧情况，说明燃烧后生成的产物有哪些？

2. 在制取乙烯的实验中，浓硫酸起到什么作用？为什么要加入几片碎瓷片？

3. 实验结束撤除仪器时，要注意按什么步骤进行？

实验九 醇、酚、醛、羧酸的性质

[理论链接] 醇、酚、醛、酮、羧酸都是重要的烃的衍生物，由于它们具有不同的官能团，因而化学性质各不相同。醇能够发生氧化反应、消去反应和酯化反应，能够与金属钠发生置换反应。酚具有弱酸性，能够发生取代反应、显色反应。醛具有明显的还原性，能够发生加成反应。羧酸具有酸性，能够发生酯化反应。利用这些反应，可以制备许多有机物。

实验目的

巩固对醇、酚、醛、羧酸的性质的了解和掌握。

实验用品

器材：镊子，小刀，滤纸，试管，试管夹，火柴，酒精灯，烧杯，玻璃棒，铁架台（带铁夹），碎瓷片。

试剂：乙醇（95%、无水），NaOH 溶液（2 mol/L），$CuSO_4$ 溶液（0.1 mol/L），氨水（2 mol/L），$AgNO_3$ 溶液（0.1 mol/L），乙醛（5%），乙酸（36%、冰），H_2SO_4（浓），Na_2CO_3 溶液（饱和），溴水（饱和），苯酚（固），金属钠，铜丝，pH 试纸。

实验内容

一、乙醇的性质

1. 乙醇与金属钠的反应

（1）在试管中加入约 3 mL 的无水乙醇。用小刀切取一块黄豆大小的金属钠，用滤纸擦干煤油，立即投入到试管中，观察现象。用手指堵住试管口一会儿，用点燃的火柴靠近试管口，松开手指，观察现象。

现象：____。

解释：____

____。

（2）待金属钠反应完全后，向溶液中加入 1 mL 蒸馏水，用

pH 试纸检验溶液的酸碱性。

现象：____。

解释：____。

2. 乙醇氧化成乙醛

在试管中加入约 1 mL 的 95%的乙醇。将前端弯成螺旋状的铜丝在酒精灯上加热至表面成黑色，立即伸入乙醇中。反复操作几次。观察铜丝表面的变化，注意闻乙醇中生成乙醛的气味。

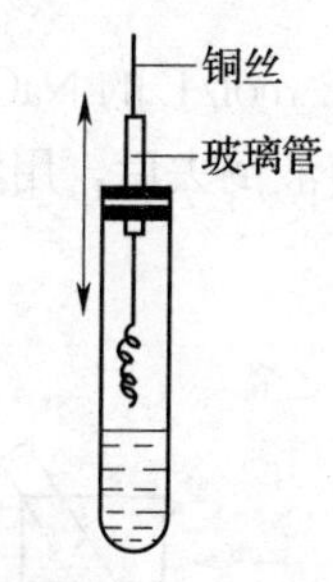

乙醇氧化生成乙醛

现象：____。

解释：____。

二、苯酚的性质

1. 溶解性

在试管中加入黄豆粒大的苯酚晶体和 1 mL 水，振荡试管，观察苯酚的溶解性。将试管放在热水中加热一会儿，观察其溶解情况。将热的液体冷却，观察新的现象。

现象：____。

解释：____。

2. 弱酸性

在上一支试管中，再滴加 2 mol/L 的 NaOH 溶液并振荡，观察现象。

现象：____。

解释：____。

3. 取代反应

在试管中放入一小粒苯酚晶体和 3 mL 水，振荡使其溶解制成透明澄清的溶液。向其中滴加饱和的溴水，观察现象。

现象：____。

解释：____。

三、乙醛的性质

1. 银镜反应

在试管中注入 2 mL 2 mol/L 的 NaOH 溶液，振荡试管，然后加热至沸腾。把 NaOH 溶液倒去后，用蒸馏水将试管洗涤干净。

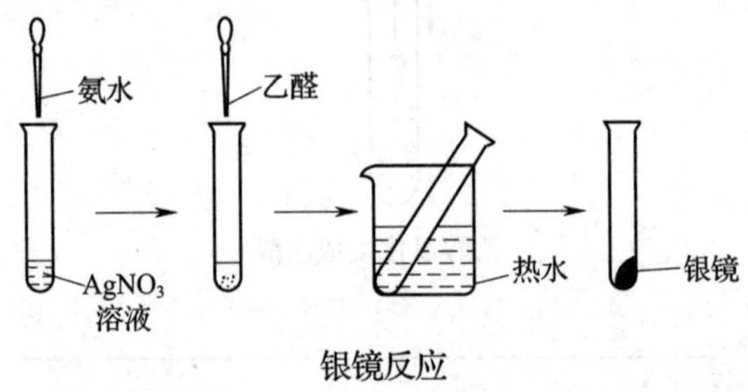

银镜反应

在上面洗净的试管中加入 1 mL 0.1 mol/L 的 $AgNO_3$ 溶液，然后逐滴滴入 2 mol/L 的氨水，边滴边振荡，直到开始生成的沉淀刚好溶解为止。然后沿试管壁滴入 3 滴乙醛的稀溶液，把试管放入盛有热水（60～70 ℃）的烧杯中，静置几分钟，观察试管内壁的现象。

现象：____。

解释：____

____。

2. 与新制 $Cu(OH)_2$ 反应

在试管中加入 2 mL 2 mol/L 的 NaOH 溶液，然后滴入 0.1 mol/L的 $CuSO_4$ 溶液 4～5 滴，振荡。然后加入 0.5 mL 质量

分数为 5%的乙醛溶液，将试管中的液体加热至沸腾，观察现象。

现象：____。

解释：____

____。

四、乙酸的性质

1. 弱酸性

在试管中加入 2 mL 蒸馏水，滴入几滴 36%的乙酸溶液，振荡。用干净的玻璃棒蘸取溶液，在 pH 试纸上测出其 pH，判断其酸碱性。

现象：____。

解释：____。

2. 酯化反应

在一支试管中加入两小块碎瓷片和 3 mL 无水乙醇，然后边摇动试管边慢慢加入 2 mL 浓硫酸和 2 mL 冰乙酸。按图示装置连接好，用酒精灯小心均匀加热试管 3～5 min，产生的蒸气经导管通到饱和碳酸钠溶液中。可观察到碳酸钠溶液的液面上有透明的油状液体产生，并可以闻到香味。

现象：____。

解释：____。

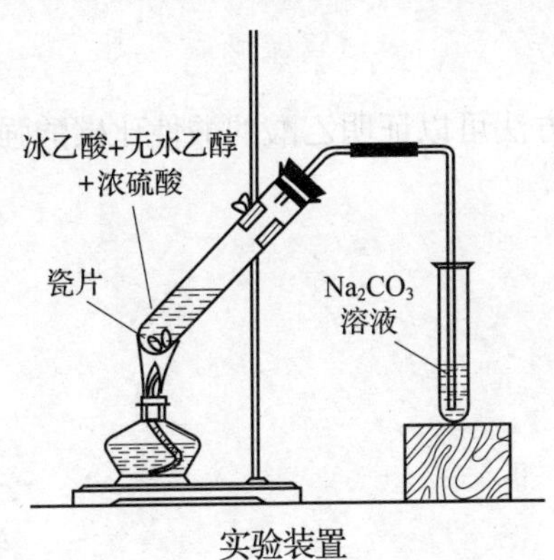

实验装置

问题讨论

1. 在试管的内壁上沾有苯酚时，难以用水清洗干净，请你想出两种办法来将试管中的苯酚清除掉。

2. 生成银镜后的试管，用什么方法可以将银镜清洗掉？

3. 用什么方法可以证明乙酸的酸性比碳酸强？

实验十　碳水化合物、油脂和蛋白质的实验

［理论链接］单糖、二糖的结构不同，有的具有还原性，能够发生银镜反应等。淀粉遇碘发生特征的显色反应。淀粉能够发生水解生成葡萄糖。油脂能够发生水解反应。蛋白质能够发生盐析、变性、显色等反应。

实验目的

巩固对葡萄糖、果糖、淀粉、油脂、蛋白质重要性质的了解和掌握。

实验用品

器材：试管，试管夹，火柴，酒精灯，烧杯，玻璃棒，铁架台（带铁夹），蒸发皿，胶头滴管。

试剂：葡萄糖溶液（5%），果糖溶液（5%），蔗糖溶液（5%），淀粉溶液（2%），碘水溶液，蛋白质溶液，食用油，$(NH_4)_2SO_4$（粉末），HNO_3 溶液（浓），$AgNO_3$ 溶液(0.1 mol/L)，氨水（2 mol/L、浓），NaOH 溶液（2 mol/L），$CuSO_4$ 溶液（0.1 mol/L），H_2SO_4 溶液（2 mol/L、浓），乙酸（36%），菲林试剂 A（称取 7 g $CuSO_4 \cdot 5H_2O$ 晶体，溶解于 100 mL 水中），菲林试剂 B（称取 34.5 g 酒石酸钾钠和 14 g NaOH，溶解于100 mL水中），pH 试纸。

实验内容

一、碳水化合物的性质

1. 银镜反应

在 4 支试管中各注入 2 mL 2 mol/L 的 NaOH 溶液，振荡试管，然后加热至沸腾。把 NaOH 溶液倒去后，用蒸馏水将试管洗涤干净。

在上面洗净的试管中各加入 1 mL 0.1 mol/L 的 $AgNO_3$ 溶液，然后逐滴滴入 2 mol/L 的氨水，边滴边振荡，直到开始生成的沉淀刚好溶解为止。然后沿试管壁分别滴入5 滴葡萄糖溶

液、果糖溶液、蔗糖溶液、淀粉溶液，把试管放入盛有热水(60～70 ℃)的烧杯中，静置几分钟，观察试管内的现象。

现象：______________________________。

解释：____。

2. 与菲林试剂反应

在3支试管中均分别加入1 mL菲林试剂A和菲林试剂B，混匀后再分别加入5滴葡萄糖溶液、果糖溶液、蔗糖溶液，把试管放入盛有沸水的烧杯中，加热几分钟，观察试管内是否有砖红色沉淀产生。

现象：______________________________。

解释：____。

3. 淀粉与碘的作用

在试管中加入0.5 mL质量分数为2%的淀粉溶液，再滴入1滴碘水，观察现象，将溶液加热，有什么变化？冷却溶液后，又有什么变化？

现象：______________________________。

解释：____。

4. 淀粉的水解

取一支试管，加入1 mL质量分数为2%的淀粉溶液和1 mL 2 mol/L的H_2SO_4溶液，在酒精灯上加热至沸腾几分钟，冷却后滴加2 mol/L的NaOH溶液至碱性。加入1 mL 0.1 mol/L的$AgNO_3$溶液，然后逐滴滴入2 mol/L的氨水，边滴边振荡，直到开始生成的沉淀刚好溶解为止。把试管放入盛有热水(60～70 ℃)的烧杯中，静置几分钟，观察试管内的现象。

现象：____。

解释：____

____。

二、油脂的水解

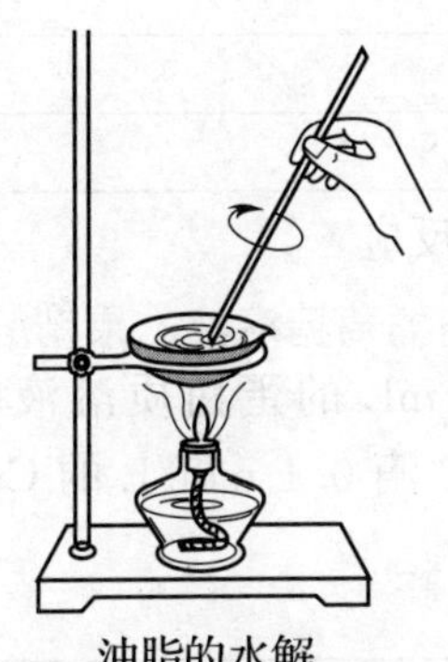

油脂的水解

在蒸发皿中加入 20 mL 2 mol/L 的 NaOH 溶液，滴入几滴食用油，用玻璃棒搅拌，观察油脂是否溶解。加热蒸发皿使溶液沸腾，观察油脂的消失。

现象：____。

解释：____

____。

三、蛋白质的性质

1. 蛋白质的盐析作用

在试管中加入 3 mL 蛋白质溶液，边轻轻晃动边向其中加入 $(NH_4)_2SO_4$ 粉末，至粉末不再溶解为止。静置观察，当下层出现絮状沉淀物时，小心吸出上层清液，再向试管中加入同体积的蒸馏水，振荡，观察沉淀是否溶解。

现象：____。

解释：____

____。

2. 蛋白质的变性

在试管中加入 2 mL 的蛋白质溶液，在酒精灯上加热煮沸 1 分钟，冷却后，吸出上层清液，再加入同体积的蒸馏水，振荡，观察沉淀是否溶解。

现象：________________________________。

解释：________________________________

________________________________。

3. 蛋白质的颜色反应

（1）缩二脲反应

在试管中加入 2 mL 的蛋白质溶液和 2 mL 2 mol/L 的 NaOH 溶液，再滴入 2 滴 0.1 mol/L 的 $CuSO_4$ 溶液，振荡后观察现象。

现象：________________________________。

解释：________________________________

________________________________。

（2）黄蛋白反应

在试管中加入 2 mL 的蛋白质溶液和 0.5 mL 浓硝酸，混匀后加热煮沸，观察生成沉淀的颜色。再滴加浓氨水，又有什么现象？

现象：________________________________。

解释：________________________________

________________________________。

问题讨论

1. 如何区别葡萄糖与蔗糖？

2. 如何确定淀粉已经开始发生水解？如何确定淀粉已经水解完全？

3. 可以用哪些简便的方法鉴别蛋白质？

实验十一 选 做 实 验

一、自制导火索

［理论链接］当 KNO_3 被加热时，受热分解放出氧气，反应放出的热量促使 KNO_3 继续分解。遇到可燃物时，发生燃烧。

实验用品

器材：木条，火柴，毛笔，白纸。

试剂：饱和 KNO_3 溶液。

实验内容

在一张白纸上，用毛笔蘸取饱和 KNO_3 溶液画出一条连续的、不交叉的曲线，要注意均匀涂画 2～3 次，在开始处做上记号。

将纸晾干，摊铺在地面上。将木条点燃一会儿后熄灭明火，用木条尚有余烬的一端轻轻接触开始画线的地方，纸上立即出现火花，并且沿着所划的曲线逐渐蔓延，直至线尾。纸上显示出所画的曲线。

二、原电池原理

［理论链接］当两块由导线相连的活泼性不同的金属一起插入到电解质溶液中时，就组成了原电池。活泼性强的金属做原电池的负极，发生氧化反应；活泼性弱的金属做原电池的正极，发生还原反应。

实验用品

器材：烧杯，试管，导线，电流表。

试剂：H_2SO_4溶液（2 mol/L），铜片，锌片，西红柿（2 个，半熟）。

实验内容

1. 将一块纯净的锌片与一块纯净的铜片用导线连接起来，在烧杯内加入 2 mol/L 的硫酸溶液。先将铜片插入硫酸中，观察有无变化，取出。再将锌片插入硫酸中，观察现象。最后将铜片和锌片一起平行插入硫酸中，观察铜片上有无变化。

现象：____。

解释：____

____。

2. 将上述锌片与铜片取出，在导线上串联一只电流表，再将锌片与铜片一起平行插入硫酸溶液，观察电流表中有无电流通过，电流的方向如何？

现象：____。

解释：____

____。

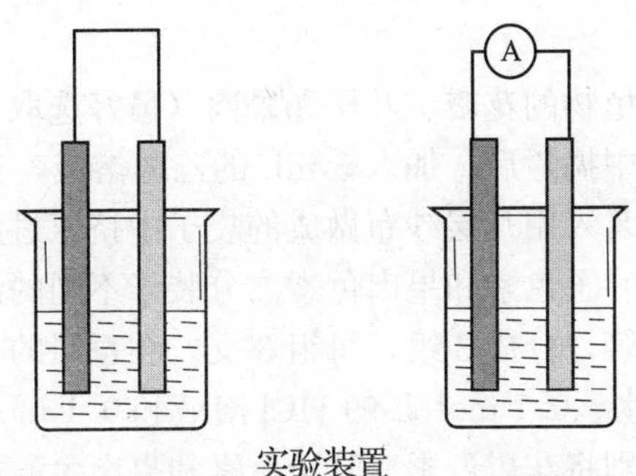

实验装置

3. 在两个半熟的西红柿中，间隔一定距离分别平行插入锌片和铜片，并按下图连接好。观察电流表中有无电流通过。

现象：____。

解释：____。

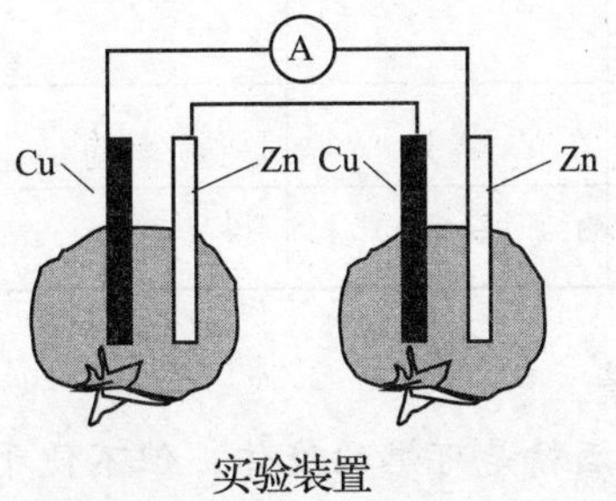

实验装置

三、自制酸碱指示剂

[理论链接] 许多植物的花、果、茎、叶中都含有色素，这些色素往往都是有机的弱酸或弱碱，在不同的酸碱性条件下，显示出不同的颜色，可以作为酸碱指示剂。

实验用品

器材：试管，量筒，研钵，玻璃棒，胶头滴管，纱布，漏斗。

试剂：花瓣（月季花、蓝紫牵牛花或万寿菊），植物叶子（紫甘蓝或苋菜），果肉（紫萝卜或菠萝），酒精溶液（乙醇与水1∶1），HCl溶液（0.1 mol/L），NaOH溶液（0.1 mol/L）。

实验内容

收集一些植物的花瓣、叶子和果肉（最好选取不同的颜色），分别放在研钵中捣烂后，加入 5 mL 的乙醇溶液，充分搅拌。然后将它们分别装入用几层纱布做成的袋子中挤压过滤，得到不同的花瓣色素、叶子色素和果肉色素。分装于不同的试管中。

取 9 支试管，分成 3 组，每组 3 支。在每组的 3 支试管中分别加入 1 mL 水、0.1 mol/L 的 HCl 溶液和 0.1 mol/L 的 NaOH 溶液，然后分别将花瓣色素、叶子色素和果肉色素加入各组试管的溶液中，观察并填写溶液的颜色。

	水	0.1 mol/L 的 HCl 溶液	0.1 mol/L 的 NaOH 溶液
花瓣色素			
叶子色素			
果肉色素			

四、固体酒精

［理论链接］酒精是可燃的液体，但不便于携带。酒精能够与水任意混溶，而乙酸钙只能溶于水而不能溶于酒精。当乙酸钙的饱和溶液加入酒精中后，由于酒精的作用，使乙酸钙的溶解度减小。乙酸钙从溶液中析出，形成凝胶状的半固态物质，由于酒精填充其中，用火柴点燃时，很快能够燃烧，而且无烟无味。

如果加入一点颜料，可以制成不同颜色的固体酒精。

实验用品

器材：烧杯，玻璃棒，量筒，药匙，蒸发皿，火柴。

试剂：酒精（95%），乙酸钙（固），红墨水或蓝墨水。

实验内容

在烧杯中加入 20 mL 的蒸馏水，滴入几滴红墨水或蓝墨水，再加入适量的乙酸钙。制备乙酸钙的饱和溶液。

在大烧杯中加入 80 mL 的酒精和 15 mL 的乙酸钙饱和溶液，用玻璃棒搅拌，直至烧杯中的物质变为不流动的胶状物。

取出胶状物，捏成球状，放在蒸发皿中，用火柴点燃，观察燃烧情况。

现象：____。

解释：____。

五、塑料的热解

［理论链接］聚乙烯、聚氯乙烯塑料在一定温度下会发生分解，释放出聚合单体。有些单体对人体是有害的，因此在使用塑料制品时要加以注意。

实验用品

器材：试管，铁架台（带铁夹），试管夹，橡胶塞，尖嘴导管，玻璃弯管，酒精灯，火柴，剪刀。

试剂：聚乙烯塑料发泡餐盒（或聚乙烯塑料袋），聚氯乙烯塑料薄膜，蓝色石蕊试纸，浓氨水，$KMnO_4$ 酸性溶液（0.01 mol/L），H_2SO_4 溶液（2 mol/L）。

实验内容

1. 将少量的聚乙烯塑料发泡餐盒（或聚乙烯塑料袋）剪成碎片，放在一个试管中，管口向上倾斜固定在铁架台上。塞上带有导管的橡胶塞。导管的另一端插入盛有 $KMnO_4$ 酸性溶液的试管中。加热试管，观察聚乙烯塑料受热时的变化以及 $KMnO_4$ 酸性溶液是否褪色。

现象：____。

解释：____。

2. 将少量的聚氯乙烯薄膜剪成碎片放在一个试管中，塞上带有尖嘴导管的橡胶塞。将试管在酒精灯上加热，观察聚氯乙烯受热变软、熔化、焦化。在导管口用湿润的蓝色石蕊试纸检验放出的气体，观察试纸颜色的变化。用玻璃棒蘸取浓氨水，靠近导管口，观察白烟的生成。

现象：____。

解释：____。

我们在生活中应注意，聚乙烯塑料袋或发泡餐盒，不能长时间放置食品，也不能放置过热的食品，否则分解出的单体和添加剂进入食品，会对人体造成危害。聚氯乙烯塑料制品不能够用于盛放食品。

六、滴水生火与吹气生火

[理论链接] 过氧化钠能够和水反应，产生氧气并放出大量的热，可以使脱脂棉自燃。过氧化钠还能够和二氧化碳反应，产生氧气并放出大量的热，也可使脱脂棉自燃。

实验用品

器材：石棉网，药匙，胶头滴管，蒸发皿，镊子，细长玻璃管，托盘天平。

试剂：脱脂棉，Na_2O_2（粉末），水。

实验内容

1. 取一片脱脂棉，铺平整放在石棉网上，石棉网置于蒸发皿上方。用药匙取约 0.5 g Na_2O_2 粉末，放在脱脂棉上。用胶头滴管吸取一些水，缓慢地滴到 Na_2O_2 上，观察现象。

现象：____。

解释：____。

2. 把 0.5 g Na_2O_2 粉末平铺在一薄层脱脂棉上，用玻璃棒轻轻压拨，使 Na_2O_2 进入脱脂棉中。用镊子将带有 Na_2O_2 的脱脂棉轻轻卷好，放入蒸发皿中。用细长玻璃管向脱脂棉缓缓吹气，观察现象。

现象：____。

解释：____。

七、大象牙膏

[理论链接] 双氧水（过氧化氢）是氢和氧的一种化合物，

碘化钾（或其他催化剂）在不改变物质成分的前提下可以加快双氧水中氧的分离，若使得大量氧气溢出到掺有发泡剂的溶液中，则会产生大量泡沫，很像大象用的牙膏，故被称为“大象牙膏”。

氯化铝饱和溶液与含适量洗涤剂的碳酸氢钠饱和溶液混合时，因发生相互促进水解的剧烈反应而产生大量的白色细小泡沫，极像人们常用的牙膏。

实验用品

器材：托盘天平，烧杯，量筒，玻璃棒，医用托盘，锥形瓶。

试剂：H_2O_2（液），KI（固体），洗洁精发泡剂，水，$AlCl_3$ 溶液（饱和），$NaHCO_3$ 溶液（饱和），洗涤剂。

实验内容

1. 将 50 mL 洗洁精发泡剂注入 500 mL 的量筒或者锥形瓶中，准备 20 mL 的 H_2O_2 盛于 100 mL 的烧杯中，并在 100 mL 的烧杯中，将 0.5 g KI 溶于 20 mL 水。将 H_2O_2 和 KI 同时倒入锥形瓶，观察现象。

现象：________________________________。

解释：________________________________。

2. 用量筒量取 50 mL $AlCl_3$ 饱和溶液，将其倒入到锥形瓶中。再用量筒量取 50 mL $NaHCO_3$ 饱和溶液倒入到小烧杯中，然后加入适量洗涤剂，用玻璃棒搅拌均匀。将小烧杯中的混合液快速倒入到锥形瓶中并观察现象。

现象：________________________________。

解释：________________________________。

附录　几种常用试剂的配制方法

1. 酚酞试液：将0.1 g酚酞溶于70 mL 95％的乙醇中，加入30 mL蒸馏水。

2. 甲基橙试液：将0.1 g甲基橙溶于100 mL水中。

3. 0.1 mol/L的$CuSO_4$溶液：称取25 g的硫酸铜晶体，溶于水，先加蒸馏水稀释至1 000 mL，再滴入2 mol/L的H_2SO_4溶液至溶液透明。

4. 0.1 mol/L的$FeCl_3$溶液：称取27 g $FeCl_3$晶体，先溶于6 mol/L的HCl溶液中，再加蒸馏水稀释至1 000 mL。

5. 0.1 mol/L的$Hg(NO_3)_2$溶液：称取32.5 g的$Hg(NO_3)_2$晶体，先溶于6 mol/L的HNO_3中，再加蒸馏水稀释至1 000 mL。

6. 淀粉溶液：在烧杯中加入100 mL的蒸馏水，加热至沸腾，静置稍冷后，加入0.1 g的淀粉，搅拌使其溶解。将溶液再加热煮沸几分钟，即可得到透明清亮的溶液。

7. 新制氯水：按实验室制取氯气的方法将氯气通入盛有蒸馏水的洗气瓶中，同时做好尾气的吸收。新制的氯水具有较深的黄绿色和明显的氯气味，要盛放于棕色瓶中在冷暗处存放。

8. 澄清石灰水：在烧杯中加入一药匙$Ca(OH)_2$粉末和200 mL蒸馏水，充分搅拌，静置，用倾注法倒出上层清液，盛于带橡胶塞的试剂瓶中。